国防教育 AR 动漫书系　袁静伟 柴宏亮 / 著

曾小萌 / 绘

遨游太空的奥秘

U0321646

C^TS ｜ 湖南少年儿童出版社

HUNAN JUVENILE & CHILDREN'S PUBLISHING HOUSE

图书在版编目（CIP）数据

遨游太空的奥秘 / 袁静伟，柴宏亮著；曾小萌绘 . —长沙：湖南少年儿童出版社，2019.12
（国防教育 AR 动漫书系）
ISBN 978-7-5562-3630-5

Ⅰ . ①遨… Ⅱ . ①袁… ②柴… ③曾… Ⅲ . ①航天科技—青少年读物 Ⅳ . ① V1-49

中国版本图书馆 CIP 数据核字 (2019) 第 005429 号

国防教育 AR 动漫书系·遨游太空的奥秘
GUOFANG JIAOYU AR DONGMAN SHUXI · AOYOU TAIKONG DE AOMI

总 策 划：周 霞　　　　　策划编辑：钟小艳
责任编辑：钟小艳　　　　　装帧设计：进 子
内文排版：传城文化　　　　质量总监：阳 梅

出版人：胡 坚
出版发行：湖南少年儿童出版社
地址：湖南省长沙市晚报大道 89 号　邮编：410016
电话：0731-82196340 82196334（销售部）0731-82196313（总编室）
传真：0731-82199308（销售部）0731-82196330（综合管理部）
经销：新华书店
常年法律顾问：湖南云桥律师事务所　张晓军律师
印刷：长沙新湘诚印刷有限公司
开本：880 mm×1230 mm l/16
印张：7
版次：2019 年 12 月第 1 版
印次：2019 年 12 月第 1 次印刷
书号：ISBN 978-7-5562-3630-5
定价：33.00 元

引言

　　历史的车轮滚滚向前，人类社会昂首挺进21世纪。

　　历史已经告诉我们：科学是人类社会发展的重要动力，国防是国家民族安全的重要保障。在新的世纪里，国家民族的发展和安全，同样离不开科学和国防。要实现中华民族的伟大复兴，必须以先进的军事科学和强大国防作为基石。

　　军事科学既是人类整个科学体系中的一个重要分支，也是现代国防的重要组成部分。随着现代科学技术的飞速发展和战争形态的变化，军事科学理论对于未来的国防建设，对于赢得战争胜利的先导作用，愈来愈显示出其重要性。军事科学已经成为和平时期世界各国进行激烈抗争的"寂静战场"。

国不可一日无防。清王朝有国无防，使中华民族遭受了奇耻大辱。前车之鉴，给我们留下了深刻的警示。我们反对战争，向往和平与安宁，然而当今世界并不安宁，威胁与挑战每时每刻都伴随着我们，战争也随时都可能悄然而至。要制止战争，维护和平，就必须发展先进的军事科学，建立强大的国防。

军事科学，是研究战争手段和战争指导规律的科学。人类社会出现战争以后，人们便以不同的方式总结战争经验，探索战争的本质和规律，寻求制胜之道，从而逐步形成了具有特定范畴、

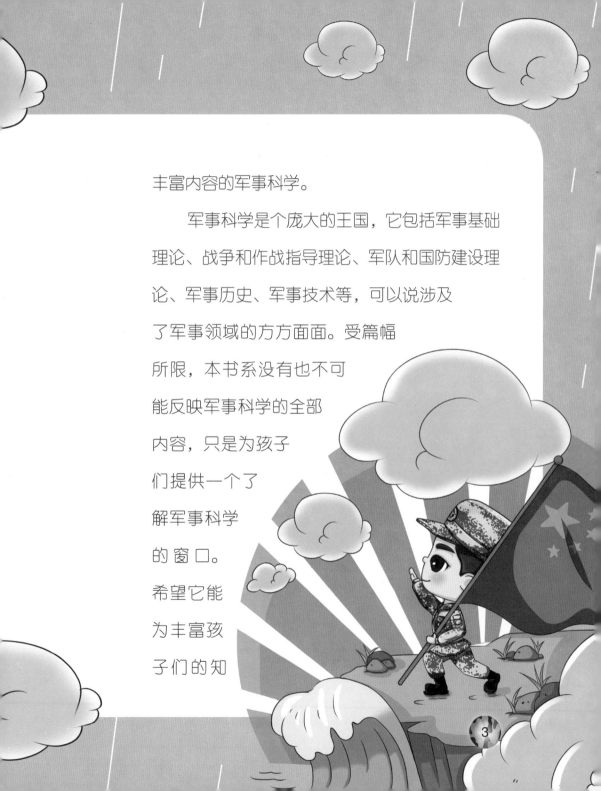

丰富内容的军事科学。

军事科学是个庞大的王国，它包括军事基础理论、战争和作战指导理论、军队和国防建设理论、军事历史、军事技术等，可以说涉及了军事领域的方方面面。受篇幅所限，本书系没有也不可能反映军事科学的全部内容，只是为孩子们提供一个了解军事科学的窗口。希望它能为丰富孩子们的知识、增强孩子们的国防意识，助上一臂之力。这也是编写此书系的出发点。

国家兴亡，匹夫有责。衷心希望青少年朋友们都来关心和支持我国军事科学的发展，为建设强大的国防贡献自己的一份力量。

目录

1

2

第一章

遨游太空的奥秘
——军事航天技术

　　说起航天技术，首先我们得搞清楚究竟什么是"天"，"天"究竟有多高。

　　我们平时所说的天，是一个非常笼统的概念，它既包括大气层内的空气空间，也包括大气层外的外层空间，而航天技术所说的天，是专指大气层外的太空。

　　在人类征服空间的早期，主要是在大气层以下的空间活动。第二次世界大战的末期德国发明了 V1 和 V2 导弹，其飞行高度达到 110 千米。特别是 1957 年 10 月 4 日，苏联发射了世界上第一颗人造地球卫星，使人类对空间的概念有了新的认识。

　　根据人造地球卫星的探测，地球大气层的上界在距地球表面 2 000 ～ 3 000 千米的高度。大

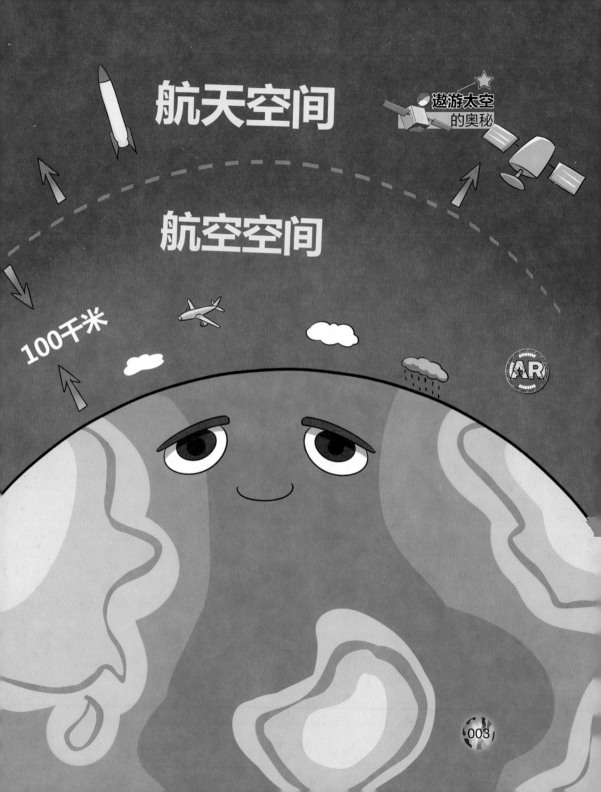

航天空间

遨游太空
的奥秘

航空空间

100千米

003

气层外，则与星际气体相接。

从气象要素和航空航天实用技术考虑，一般把大气层的厚度定为 120 千米。1960 年第 53 届巴塞罗那国际航空联合大会形成决议，规定地球表面 100 千米以上的空间为航天空间，100 千米以下为航空空间。至此，人类便从理论上提出了航空和航天两个空间概念。

在航空技术高速发展的今天，不管是军用航空器，还是民用航空器，实际飞行高度很少超过 30 千米。航天飞机的飞行高度可达 250 千米，侦察卫星达 200 ~ 1 000 千米，通信卫星和导弹预警卫星达 36 000 千米。

目前，人们把空间活动最频繁的空域——大气层以上距地球 200 ~ 3 000 千米的轨道称为近

遨游太空
的奥秘

地—月空间

同步轨道

远地轨道

近地轨道

实用大气层

地轨道。距地球 35 810 千米的轨道被称为地球同步轨道。在近地轨道与同步轨道之间的轨道被称为远地轨道。再向外延伸至月球和地球之间的平均距离 384 400 千米，被称为地—月空间。实用大气层、近地轨道、远地轨道、同步轨道和地—月空间，构成了人类从事航空航天活动的四个层次。

通过上面的介绍，你大概能区分出什么是航天、什么是航空了吧？那么，现在我们再来看一下究竟什么是航天技术。

遨游太空
的奥秘

航天技术

    航天技术也称空间技术。它是一门解决人类如何飞出大气层，进入外层空间，并在那里航行的技术。主要包括航天运载器技术、航天器技术和航天器测控技术。军事航天技术是为军事目的而研究和应用的航天技术。它以航天运载器技术、航天器技术和航天器测控技术这三大技术为基础，主要包括弹道导弹技术，以及借助于部署在太空的各种遥感器和观测设备、通信设备、武器系统等，执行侦察与监视、导弹预警、军事通信和导航、气象观测、反卫星和反导弹等军事任务的技术。

航天技术的发展，大体经历了探索、实际应用和系统应用三个阶段。

1957 年至 1960 年，为探索阶段。这个阶段的重点是为人类进行空间活动创造物质基础，逐步完善进入外层空间的技术手段，探索一种有效的运载系统，把飞行器送到预定轨道。主要标志是苏联和美国分别于 1957 年 10 月 4 日和 1958 年 1 月 31 日，各成功地发射了一颗人造地球卫星。

1960 年至 1964 年为实际应用阶段。这个阶段的重点是利用空间的特殊环境条

1957年10月4日   1958年1月31日

件，收集各种探测数据、遥感天空和地面、传递各种信息，进行各种应用研究和试验。主要标志是 1961 年 4 月 12 日，苏联宇航员加加林驾驶飞船绕地球飞行一周并返回地面，开创了人类航天史上的新纪元。同时，卫星开始跻身于军事舞台。美国、苏联相继进行了卫星在侦察、通信、导航等方面的应用。

　　1964 年至今为系统应用阶段。这一阶段的重点是在太空中部署了各种卫星系统，如侦察、通信、气象、导航、导弹预警等卫星系统。美国和苏联大规模进行了反卫星试验，并提出了空间

战计划。同时，通过发射载人飞船、航天飞机，证实了人类在宇宙空间的生活和工作能力，并把航天活动由近空延伸到了深空，探测了其他行星，丰富了科学知识。

航天技术作为尖端技术，在军事领域有着十分诱人的发展前景。截止到 2010 年年底，全世界发射的各种航天器已超过 6 000 颗，其中 70% 以上是用于军事目的。目前正在使用和研制的军事航天器主要有军事卫星系统、天基武器系统、军事载人航天系统。

军事卫星系统包括通信卫星、侦察卫星、气象卫星、测地卫星、导航卫星等。侦察卫星又包括照相侦察卫星、电子侦察卫星、导弹预警卫星、海洋监视卫星和核爆炸探测卫星。

遨游太空
的奥秘

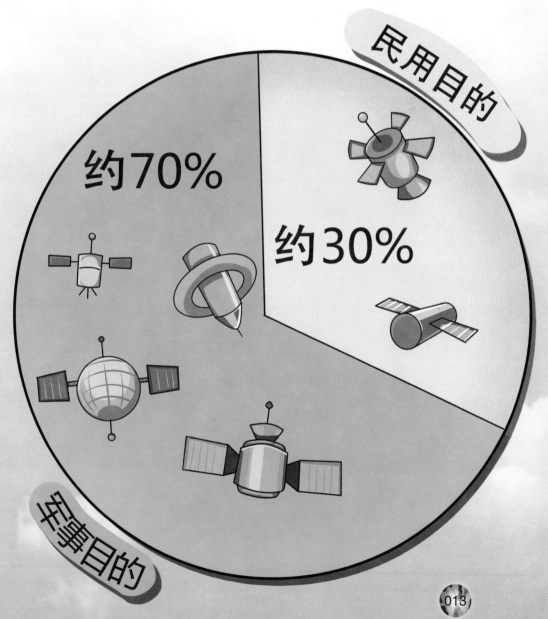

民用目的

约70%

约30%

军事目的

■ 我国神舟十一号载人飞船点火发射

天基武器系统包括反卫星卫星和天基武器平台。天基武器平台包括定向能武器、动能武器、射频武器等。

军事载人航天系统主要有载人飞船、空间站、航天飞机和目前正在研制的空天飞机。

我国是世界上较早掌握航天技术的少数几个国家之一。1970年4月24日，我国成功地发射了"东方红一号"人造地球卫星，为我国航天事

业的发展开辟了新的纪元。据统计，从 2011 年到 2016 年，我国就发射运载火箭 86 次，搭载航天器 100 多个。我国的卫星测控技术已经达到世界先进水平。此外，我国继美国和法国之后，先于日本和俄罗斯，掌握了代表现代火箭技术最高水平的高能低温燃料火箭技术。

■ 中国的"东方红二号"甲通信卫星

第二章
茫茫空间的定位神器
——卫星导航系统

　　提到指南针，大家都知道它是我国古代四大发明之一。早在战国时期，古人就利用磁石指示南北的特性制作出了"司南"，并用于确定南北方位。到了北宋，古人发明出指南针并广泛应用到航海中。后来，指南针与刻度盘结合制成的罗盘，成为船舶在海上航行不可或缺的导航工具。如今，人类的活动空间尤其是军事活动空间进一步拓展，飞机升空、导弹突防、舰艇航行、车辆行驶之所以能够做到精确定位、永不迷航，靠的是一种全新的技术手段——卫星导航系统。

AR

卫星导航系统

卫星导航系统是一种以人造地球卫星为基准的无线电导航与定位系统，用户通过接收多颗卫星的导航信号，测量并计算出自己的三维坐标、实时速度和精确时间。

1960年4月美国发射了第一颗导航卫星——"子午仪"，1964年7月多颗导航卫星正式组网运行，成为第一代卫星导航系统。它是通过接收导航卫星发射连续信号的多普勒频移，获得接收机至卫星的距离差以及导航电文中的卫星位置信息，计算确定接收机的位置。20世纪70年代初，美国开始研制第二代导航卫星——"导航星"，组网成为"全球定位系统"，就是大家非常熟悉

的 GPS。第二代卫星导航系统通过同时接收至少 4 颗导航卫星发射的无线电导航信号,获得接收机至卫星的距离以及导航电文中的卫星位置信息,从而计算确定接收机的位置。除美国的 GPS 外,第二代卫星导航系统还有俄罗斯的格洛纳斯（GLONASS）、欧盟的"伽利略"（GALILEO）系统以及中国的"北斗"卫星导航系统（BDS）等。

GPS

GPS 由空间卫星星座、地面监控系统和用户设备组成。

卫星星座部分由 24 颗卫星组成,其中 21 颗为工作卫星,3 颗为备用卫星。每颗卫星重 845 千克,高度为 20 180 千米,均匀地分布在围绕

地球的 6 个轨道平面上运行，卫星绕地球运行一周的时间是 11 小时 56 分，这样就可以保证在世界任何地方都至少同时可以看到 4 ~ 6 颗卫星，实现全球立体覆盖。GPS 的地面监控部分由 1 个主控站、3 个上行数据发送站和 5 个监控站组成，它们分布在美国境内。GPS 的用户终端设备由天线、接收器、数据处理器和显示装置组成，能够完成卫星信号捕获、信号处理、导航处理、坐标转换、导航定位信息显示等功能，可在数十秒至几分钟内完成导航定位。

格洛纳斯

　　格洛纳斯是在苏联时期开始研制，由俄罗斯最终研制完成的，可覆盖全球，连续提供高精度位置、速度及时间信息的卫星导航系统。

　　该系统的功能和组成与 GPS 相似，由导航星座、地面运行控制系统和用户设备三部分组成。格洛纳斯导航星座由 24 颗中高度圆轨道卫星组成，均匀分布在轨道高度为 18 840 ～ 19 940 千米的 3 个轨道上，每个轨道分布 8 颗卫星，比 GPS 具有更好的纬度覆盖；卫星运行周期为 11 小时 15 分钟；系统采用频分多址体制，卫星辐射 1 602 ～ 1 617MHz 和 1 246 ～ 1 260MHz 两组频率的单向测距信号；地面运行控制系统由系统控制中心和指令跟踪站网络组成，它们均设置在俄罗斯境内。

"伽利略"系统

　　"伽利略"系统是世界上第一个专门用于民用领域的卫星导航系统，由欧盟研发设计和建设运营，并提供高精度、高可靠性、覆盖全球的导航定位服务。

　　该系统包括 27 颗工作星、3 颗备份星，均匀分布在 3 个中高度圆形地球轨道上，轨道高度为 23 616 千米，卫星运行周期为 14 小时。"伽利略"系统计划提供公开服务、商业服务、生命安全服务和公共管理服务等四种导航服务，以及一种用于搜索救援行动的服务。该系统全部 30 颗卫星计划于 2020 年发射完毕。

"北斗"卫星导航系统

"北斗"卫星导航系统是由中国自主研发、独立运行，可全天候全天时提供导航定位信息的系统。

该系统计划于 2020 年左右建成，由 5 颗静止轨道卫星和 30 颗非静止轨道卫星组成。其中，非静止轨道卫星包括 27 颗轨道高度 21 500 千米的中轨道卫星和 3 颗倾斜同步卫星。"北斗"系统将提供开放服务和授权服务。开放服务提供的定位精度为 10 米，授时精度为 50 纳秒，测速精度为 0.2 米/秒；授权服务则是用在军事领域，

遨游太空
的奥秘

国防教育AR动漫书系

将向授权用户提供更安全、更精确的定位、测速和授时服务。

20世纪90年代以来，卫星导航系统在几场局部战争中大显身手，实现了导航定位的实时

化、精确化和全球化。海湾战争中，美军将GPS接收机安装在作战平台和打击武器系统上，使打击精度大幅提高。科索沃战争中，B-2隐身轰炸机借助GPS实现了从美国本土到前方战场的远程奔袭作战。阿富汗战争中，美军特种部队利用手持式GPS接收机测定目标的坐标参数，引导

■ GPS 全球定位系统

B-52H 轰炸机准确摧毁目标。伊拉克战争中，美军地面部队广泛装备了 GPS 接收机，大大提高了恶劣自然条件下的机动作战能力。可以看出，卫星导航系统已广泛应用于指挥控制、精确打击、战场机动、导航定位、态势感知和火力协同等各个方面，并在现代战争中发挥着越来越重要的作用。

第三章

空中战场的未来精灵
——无人机

无人驾驶飞机

无人驾驶飞机，简称无人机，就是利用遥控设备操纵或自备程序控制的无须搭载操作人员的飞行器。

与有人作战平台相比，无人机具有机动性强、隐身性好、续航时间长、作战效费比高等特点，能够执行战场侦察与监视、目标识别与捕获、电子对抗、空中打击等多种任务。尤其是因为不需要人驾驶，特别适用于高风险作战环境，在现代战争中发挥着越来越重要的作用。

无人机的问世可追溯到 1917 年。当时正值第一次世界大战临近结束之际，世界上第一架无人驾驶飞机在英国皇家飞行训练学校进行了首次飞行试验。尽管这次试飞因为飞机发动机故障而

宣告失败，但是它开创了无人机的先河。随着无人机技术的逐步成熟，到了20世纪30年代，各种用途的无人机相继出现，既有用于校验火炮射击的无人靶机，也有用于投放炸弹或鱼雷的攻击无人机。第二次世界大战结束后，军用无人驾驶飞机取得了很大的发展，无人机家族越来越"人丁兴旺"。特别是随着电子技术、遥控遥测技术和计算机技术的发展，无人机在军事领域的应用日益广泛，被称为"空中多面手"。

无人机的看家本领

本领之一

　　侦察监视。无人机由于受气候条件限制少，昼夜可用，常用于突入危险地区上空实施长时间的侦察监视任务，通过机载合成孔径雷达、高性能的光电或红外传感器以及电子侦察设备，可以

全方位地搜集掌握敌方的动态情报，并能实时传输目标图像。"全球鹰"无人机作为美军最先进的战略侦察无人机，在阿富汗战争中共执行作战任务 50 多次，累计飞行 1 000 小时，侦获敌军目标图像 15 000 多张，为美军立下了汗马功劳。

本领之二

隐真示假。无人机可以模拟假目标或作为诱饵之用，通过发射无线电假信号或反射雷达回波，使敌军上当受骗，同时与其他电子战飞机、战斗机和攻击机配合使用，压制和摧毁敌防空系统。在海湾战争中，美军成功运用无人机作诱饵，以各种编队形式在目标区域上空飞行，诱使伊拉克防空系统的雷达开机并发射导弹，致使伊军防空阵地在短短两天之内遭到毁灭性打击。

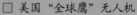
□ 美国"全球鹰"无人机

本领之三

　　电子进攻。无人机可搭载电子干扰设备，干扰敌方指挥通信系统、防空武器火控雷达以及各种电子设备，使敌军变成"瞎子""聋子"；还可作为反辐射武器，用以攻击雷达和无线电通信设备等辐射源，瘫痪敌防空系统。以色列的"哈比"无人机就是一种反辐射攻击无人机，利用敌方雷达辐射的电磁波信号搜索、跟踪并摧毁敌防空雷达系统，被称为"空中女妖"和"雷达杀手"。

本领之四

精确打击。由于无人机能在低空、超低空充分利用地形地貌和雷达盲区实施机动，使敌方难以远距离探测发现和有效跟踪，可突防到地空导弹阵地或高价值目标上空，在发现目标的第一时间对目标直接实施精确打击。伊拉克战争中，美军运用加装了"海尔法"激光制导导弹的"捕食者"无人机，对伊拉克敏感目标和防空力量进行了精确打击，在战场上大显神威。

人们常常把无人机单纯看作是一架飞行在空中无人驾驶的飞行器。其实，无人机之所以能有效遂行作战任务，依靠的是一个完整的系统支撑。飞行器只是无人机系统的一部分，主要由机

国防教育AR动漫书系

体、动力装置、制导与控制装置和任务载荷等构成。另外，无人机系统还包括地面控制站、数据链路、发射与回收分系统。地面控制站是无人机系统的地面指挥部，主要完成对无人机进行任务规划、飞行监控、起降控制、载荷监控、链路监控和地面通信等工作；数据链路就是连接地面控制站与飞行器之间进行数据传输的通信系统，保证对无人机控制以及获得的战场信息能够快速可靠传输；发射与回收分系统，用于辅助无人机完成起飞和降落的操作。

随着动力技术、数据链通信、信息融合与处

理、飞控与导航等先进技术的广泛应用，各种先进的无人机不断研制成功。X–47B 是美国研发的最新型无人机，是世界上首架陆基和航空母舰都能使用的侦打一体无人机。X–47B 外形与 B–2 隐身轰炸机类似，具有良好的隐身性能，雷达反射面积甚至优于 F–22 隐身战斗机；作战半径能达到 2 590 ～ 2 780 千米，为 F–35 隐身战斗机的 2 倍；可进行空中加油，持续飞行时间达到 50~100 小时，战场覆盖能力和续航能力大大提高。目前，各国军方对无人机作战日益重视，并不断加大经费投入，使得军用无人机进入了加速发展

的快车道，正在发生脱胎换骨的变化。未来，多用途、多功能的无人机将大量投入使用，在空中战场上扮演越来越重要的角色，势必对作战样式带来革命性的影响。

第四章

空天战场的新型闪电
——高超声速飞行器

声速

众所周知,声波在介质中传播的速度叫作"声速",也称之为"音速"。在固体、液体、气体等不同介质中,声速也不尽相同。

通常在气温为 15℃、海平面标准大气条件下,空气中的声速为 340 米/秒,这一数值被用作衡量飞行器速度快慢的基准值。而超声速是指超过声波在空气中传播的速度,即大于 340 米/秒;高超声速则是指超过 5 倍的声速,即大于 1 700 米/秒。

高超声速飞行器

顾名思义,高超声速飞行器就是飞行速度超过 5 倍声速的飞行器。

作为一种新型高速武器，高超声速飞行器具有以下突出优点：飞行速度快，可快速打击时间敏感目标；打击范围广，可实现全球精确打击；不易被探测，隐蔽突防能力强。目前，世界军事大国高度重视高超声速飞行器的发展，纷纷加大投入进行研究和试验。在研的高超声速飞行器主要包括：临近空间吸气式高超声速飞行器、临近空间助推滑翔飞行器、空天飞机等。

临近空间吸气式高超声速飞行器是以超燃冲压发动机为动力，可实现临近空间高超声速巡航的一类飞行器。相关研究表明，当飞行器飞行速度达到6倍声速时，一般冲压发动机的工作效能难以满足飞行需求，但超燃冲压发动机可以在超声速气流中有效工作。与采用涡轮增压的航空发

■ 挂在 B-52H 轰炸机机翼下的 X-51A 飞行器

动机不同，超燃冲压发动机利用进气道激波实现
高速气流减速与增压，因为没有转动部件，更适
合高空高速飞行。这类飞行器的典型代表是美国
正在研制的 X-51A "乘波者" 飞行器。X-51A
由一台碳氢燃料超燃冲压发动机推动，设计目标
是超过现役巡航导弹速度的 5 倍以上，可以在 1
小时内打击地球上任意目标。2010 年至 2013 年，

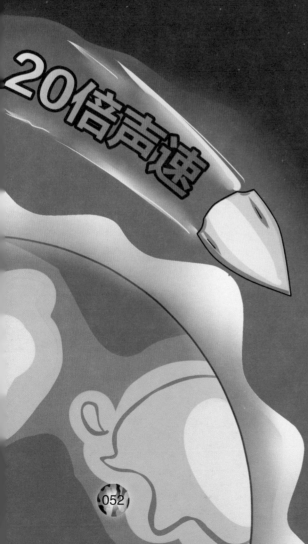

20倍声速

X-51A 共 开 展 4 次飞行试验，最后一次试验实现了以 5 倍声速有动力飞行 240 秒，创造了临近空间吸气式高超声速飞行器的最长飞行纪录。

临近空间助推滑翔飞行器是一种无动力飞行器，可以由空间飞行器、洲际弹道导弹等多

种运载和发射平台携带，以高超声速从空间轨道或亚轨道再进入，依靠地心引力和气动力在临近空间进行远距离跳跃滑翔飞行，滑翔距离可达数千乃至上万千米，具有较强的侧向机动能力和突防性能，可在较大的高度范围和较宽的速度范围内精确投放有效载荷。最具代表性的高超声速滑翔飞行器是美国正在研制的 HTV-2 "猎鹰"飞行器，它可用"人牛怪"Ⅳ型运载火箭送入大气层，滑翔时间为 3 000 秒，最大射程为 16 668 千米，在大气层外围的亚轨道最大速度能达到 20 倍声速。据悉，俄罗斯也研制出经过试验验证并可以实战部署的高超声速滑翔武器，可以装备于"白杨-M""亚尔斯"及其后续型洲际弹道导弹。

■ 美国 X-37B 空天飞机

空天飞机能像普通飞机一样起飞，以 5 倍以上声速在大气层内飞行，在 30~100 千米临近空间的飞行速度高达 12~25 倍声速，并可直接加速进入地球轨道成为航天飞行器。美国研制的 X-37B 是人类首架可重复使用的空天飞机，长 8.8 米，宽 2.9 米，翼展 4.6 米，载荷能力约为 2 吨，具有尺寸小、起飞重量轻、滞空时间长、发射费用低、轨道机动能力强、再入飞行速度高等特点，

可搭载导弹、激光武器等先进武器实施远程精确打击，也可搭载小型机械臂开展轨道作业。日本也计划在 21 世纪完成新一代高超声速飞行器和可重复使用的轨道飞机研制，并能够实现单级或者二级入轨的目标。

尽管高超声速飞行器部分技术已经相对成熟，但仍需要进一步研究验证并向实战装备转化。可以预见，随着飞行器推进技术、热防护技术、一体化设计技术、飞行控制技术等关键性研究不断取得突破，以及先进传感器、高性能载荷和武器弹药的配套完善，以高超声速飞行器为平台的新型兵器凭借特有的高空、高速优势，将会在未来空天战场上发挥举足轻重的作用，势必对作战方式和战争模式产生颠覆性的影响。

第五章
令人恐怖的"死光"
——激光武器

激光

激光，又叫"死光"，是受激辐射和光放大过程而产生的光。它与我们平时看到的普通光的本质一样，既是电磁波，又是光子流，是通过物质内部的粒子把外界能量转换而来的。

激光武器

激光武器，也叫激光炮。它是一种利用高能激光束摧毁飞机、导弹、卫星等目标或使之失效的定向能武器。

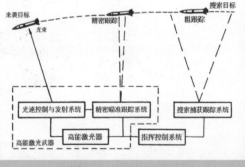

■ 高能激光武器系统示意图

激光武器的研制始于 20 世纪 60 年代。70
年代美国曾进行过多次试验以验证激光武器的可
行性。如 1978 年用氟化氘化学激光器击落了"陶"
式反坦克导弹；1979 年用激光照射模拟的洲际导
弹助推器，使其产生变形、破裂。80 年代初，美
国提出的"星球大战"计划进一步推动了激光武
器的发展。根据最初的设想，"星球大战"计划
实质上就是一个高能激光武器系统的研制计划。

激光武器主要由激光器、精密瞄准跟踪系统
和光束控制与发射系统组成。激光器是激光武器

的核心，激光束就是由它产生的。根据作战上的要求，激光束要能摧毁目标，其平均功率至少在2万瓦或脉冲能量达3万焦耳以上。目前，世界各国研制的高能激光器主要有二氧化碳、化学、准分子、自由电子、核激励、X射线等。精密瞄准跟踪系统主要用来捕获、跟踪目标，引导光束瞄准射击，并判定毁伤的效果。由于激光武器是靠激光束直接击中目标并停留一定时间而造成破坏的，因此对瞄准跟踪系统的速度和精度要求很高。目前研制的精密瞄准跟踪系统主要有红外、电视和激光雷达等高精度的光学瞄准跟踪设备。

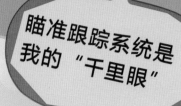
瞄准跟踪系统是我的"千里眼"

遨游太空
的奥秘

光束控制与发射系统的作用是将激光器产生的激

光束定向发射出去，并通过自适应补偿矫正或消

除大气效应对激光束的影响，以保证将高质量的

激光束聚焦到目标上，达到最佳的破坏效果。

激光武器可以分为哪几种？

目前，世界各国已经或正在研制的激光武器

多种多样。按用途区分，可分为战术激光武器和

战略激光武器。战术激光武器主要用于近程战斗，其打击距离在几千米至几十千米之间，对付战术导弹、飞机、坦克非常有效；战略激光武器主要用于远程战斗，其打击距离近则数百千米，远则达到数千千米。它的主要任务是破坏在轨道上运行的卫星、拦截敌方的洲际导弹等。按部署方式区分，可分为天基激光武器、地基激光武器、机载激光武器、舰载激光武器、车载激光武器。

■ 美军舰载激光武器系统

激光武器三个"绝技"

绝技之一　　　烧蚀效应。当激光照射到目标上后，部分能量被目标吸收，转化为热能，使目标表面汽化，蒸汽高速向外膨胀，可以同时将一部分液滴甚至固态颗粒带出，从而使目标表面形成凹坑或穿孔。如果激光参数选择适当，还有可能使目标内部温度高于表面温度，导致热爆炸，这样会取得更佳的破坏效果。

绝技之二

　　　激波效应。当目标汽化，蒸汽向外喷射时，在极短的时间内会给目标以反冲作用，相当于一个脉冲载荷作用到目标表面，于是在目标材料中

形成激波。激波传到目标后表面，产生反射后，可以将目标材料拉断而发生层裂破坏。裂片飞出时有一定动能，还会对人员及其他设备造成杀伤和破坏。

绝技之三

辐射效应。目标被照射后，因表面汽化会形成等离子体云，等离子体一方面对激光产生屏蔽作用，另一方面又能够辐射紫外线甚至X射线，使内部电子元件损伤。据试验，这种紫外线或X射线所造成的破坏甚至比激光直接照射引起的破坏更为严重。

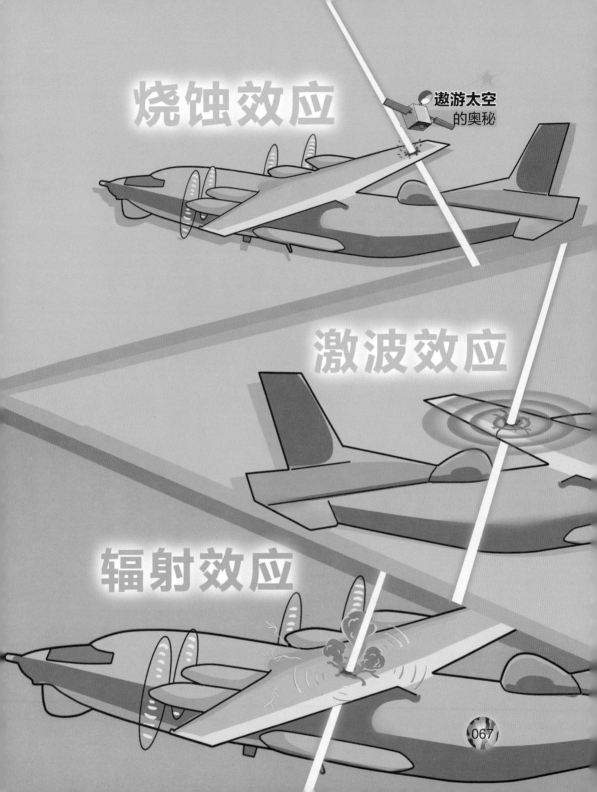

烧蚀效应

激波效应

辐射效应

遨游太空
的奥秘

速度快

精度高

有了这三个绝技，激光武器自然是所向无敌
了。与其他武器相比，激光武器还有六大特点：

一是速度快。用炮弹或子弹攻击目标时，必
须根据目标的运动规律，计算适当的提前量，才
可能命中目标。而激光武器发射的是以光速（30
万千米/秒）飞行的"光弹"，"弹丸"的飞行
时间接近于零，因此射击时不需要考虑提前量，
只要对准目标，就可命中。

二是精度高。火炮攻击目标时，弹丸飞行过
程中受地球引力的作用而使弹道发生弯曲，此外
弹丸自旋、横风对其飞行的影响也非常大，因此
火炮射击时要根据距离、气温、风速、风向及弹
丸的初速等因素进行弹道计算，确定射击诸元，
这样才能命中目标。而激光武器发射的"光弹"，

其弹道是一条直线，用不着计算弹道，指哪打哪，百发百中。

三是机动灵活。激光武器发射的激光束几乎没有质量，不会产生后坐力，是一种无惯性武器，因此可以灵活、迅速地变换射击方向，而不影响射击精度和效果。

四是无污染。任何火器的发射都会对大气造成程度不同的污染，而激光武器是发射没有污染源的光束，因此对地面和空气都不会造成污染。

五是效费比高。百万瓦级的氟化氘激光武器每发射一次，费用约 2 000 美元。而与它能产生同等效力的其他武器，发射一次的费用要高得多。比如，美国的"爱国者"防空导弹每发 30 万～50 万美元，便携式的"毒刺"防空导弹每发也达到

遨游太空
的奥秘

机动灵活

无污染

效费比高

不受电磁干扰

2万美元。因此，从作战角度看，使用激光武器比较划算。

　　六是不受电磁干扰。激光传输不受外界电磁波的干扰，因而敌方难以利用电磁干扰手段避开激光武器的攻击。

　　和其他武器一样，激光武器也有它的弱点。随着射程的增大，照射到目标上的激光束功率密度也随之降低，毁伤力减弱。此外，激光武器受地形、气象条件的影响也比较大。比如在阴雨天，激光束在大气中传输1千米将损耗其能量的55%，如果连续传播5千米，其能量仅剩下1.8%，成了"强弩之末"。

　　由于激光武器具有上述六大特点，在拦截飞机、战术导弹，以及反战略导弹、反卫星等方面

国防教育AR动漫书系

能发挥出独特的作用，因此越来越受到世界各国的高度重视。其中，美国更是一马当先。长期以来，美国的陆、海、空三军一直都在紧锣密鼓地进行激光武器的研制。美国海军早在 20 世纪 70 年代就开始研制激光武器，其研制的一种由中红外先进化学激光器和"海石"光束定向器组成的激光武器，曾成功地击落了亚音速飞行的无人驾驶靶机和以 2.2 倍音速飞行的导弹。美国陆军研制开发的"区域防御综合反导系统"，由 500 千瓦的高能激光器和直径 70 厘米的定向器或跟踪器组成，每分钟可发射 20 ~ 50 次。该激光器可安放在重型车辆上，能摧毁 15 千米外的飞行目标。据称美军在试验中曾使用该系统多次击毁了各种不同的目标，杀伤概率达 100%。美国空军

在激光武器的研制方面自然也不甘落后。1983年7月25日，美空军曾用安装在波音707客机上的激光武器击毁了从A-7型攻击机向它发射的5枚"响尾蛇"空对空导弹。1992年，美国国防部战略防御计划局曾提出机载激光武器的研究计划。该项计划的主要方案是把一台重达45吨的氧碘化学激光器安装在波音747宽体客机上。战时，携带激光器的波音747在距离导弹发射地点约400千米远的地区上空待命飞行，利用机上的探测设备监视、捕获和跟踪敌方发射的导弹，然后发射激光摧毁正在向上飞行的导弹。

可以预见，激光武器的使用将使现代战争进入一个崭新阶段，战场也必将会出现许多新的奇观。

第六章

长空卫士
——防空军

防空军

　　防空军，是指担负防空作战任务的军种，有的国家称其为国土防空军。通常由歼击航空兵、地空导弹兵、高射炮兵、雷达兵和其他专业保障部队组成。其任务是消灭敌空袭兵器，包括敌飞机、导弹及其他飞行器，保障国家政治经济中心、军事集团和其他重要目标的安全。防空军可单独实施防空作战，也可与其他军兵种共同实施防空作战。

□ 俄罗斯C-400防空导弹系统

防空军是随着空袭兵器的威胁日益增大，并因此导致防空兵器的诞生而发展起来的。在第一次世界大战期间，由于空袭作战频繁，来自空中的威胁越来越大，一些交战国开始发展防空兵器，到战争结束时，交战双方都装备了大量的歼击机和高射炮。到了第二次世界大战，防空部队更是得到迅猛的发展。战争中，交战双方都组织了很

1966年
中国人民解放军第二炮兵

多大规模防空作战。像不列颠防空作战、莫斯科

防空作战甚至对战争的进程和结局都产生了重要

的影响。

第二次世界大战结束后，苏联于 1948 年在

国土防空部队的基础上率先成立了世界上第一支

国土防空军。1981 年，苏联将陆军防空兵与国

土防空军合并，改称防空军。除苏联外，世界上

2015年
中国人民解放军火箭军

还设有独立防空军的国家有埃及、越南、罗马尼亚、波兰等。我国于1950年曾成立防空司令部，这支部队在抗美援朝战争中立下过不朽功勋。1955年，防空司令部改称防空军司令部。1957年，防空军司令部撤销，所属的高炮、雷达、探照灯等部队划归空军。中国人民解放军空军目前实行的是空防合一体制，也就是说我国空军肩负着空军和防空军的双重职能。目前，许多组建有防空军的国家，已将防空军并入空军序列当中。如俄罗斯几经改革，将原防空军、航天兵与空军合并，组建了新的军种——空天军。

第七章

太空圣斗士
——天军

遨游太空
的奥秘

天军

　　天军，就是指在大气层外的太空进行作战的军种。在一些航天大国的武装力量当中，虽然组建了航天部队，但还没有与陆、海、空军这些老字号齐名的军种。不过，在航天技术突飞猛进的今天，天军作为独立的军种踏上战争舞台的日子已经不会太远了。

　　早在 20 世纪 80 年代初，曾在美国国防科学委员会、国家保密局科学顾问委员会和陆军科学委员会任职的美国全球形势分析公司董事长艾伦·西蒙就预测到，美国在不久的将来将要建立一个新的军种——天军。按西蒙的设想，天军的主要军事基地将是航天母舰，这种航天母舰能容纳 1 000 多人，装备的主要武器是高能激光、粒

子束和动能武器，

它能摧毁地球上和

从地球上发射的任

何目标，以及在太

空中飞行的任何敌

对目标。随着航天飞

机及其他航天器的不断发

展，西蒙的设想越来越成为现实。美

国在 20 世纪 80 年代中期，就成立了航天

司令部。俄罗斯也在 20 世纪 90 年代初成立了独

立兵种——俄罗斯军事航天兵，后并入空天军。

然而，尽管许多国家都装备了卫星，其中许多军

用卫星在实践中得到了运用，比如在海湾战争中，

多国部队就使用了数十颗军用卫星。但这还不能

算作真正意义上的天军。许多专家预测真正的天军将在 2030 年左右用于实战。

航天母舰

航天母舰是设想中的天军基地。航天母舰上装有大型电子计算机，通过对附近几个多功能监视系统发来的信息进行综合分析，就能评估整个作战形势，并自动给自身携带的进攻武器指导最佳目标，同时提出隐蔽和伪装自己的措施，防止敌方的攻击。

月球可以作为航天母舰的一个通信联络、维修保养和后勤供应的远方基地。航天母舰还可操纵一支小型航天舰队，这支舰队的任务是从事侦察、狙击和运输工作。该航天舰队由能够隐身的航天器组成，还负责监视敌方航天器是否有敌对

企图，必要时可以先发制人，加以攻击。

天军的作战指挥中心仍设在地面。据悉，美国已经建立了师级的航天作战指挥中心。这个指挥中心坐落在美国加利福尼亚州森尼维尔快车道附近的一幢三层无窗蓝色大楼里。在这个指挥中心工作的人都称这幢大楼为"蓝色动物园"。它在世界各地都有跟踪站，能控制数百颗卫星，其中包括通信卫星、气象卫星、导航卫星、侦察卫星和预警卫星等。美国国防部认为外层空间将是下一场战争的理想战场，而且这场战争可以在不危及地球的情况下进行。

美国航天部队的一位将军曾说过："外层空间是当今世界的新高地。"天军——呼之欲出的新军种，将在这块新高地上异军突起。

第八章

天战能打起来吗?

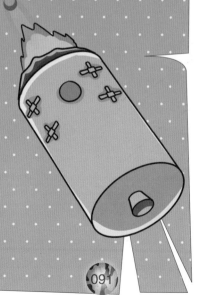

　　天战能打起来吗？这是当前军事领域非常热门的话题。自陆地、海洋、空中先后成为将士们征杀的战场后，整个宇宙空间只剩下太空这一块净土了。人们渴望它能永远平安无事。然而，这只是一种奢望，随着大量航天兵器的诞生，天战正一步步向我们走来。

　　自从 1957 年苏联发射了第一颗人造地球卫星之后，太空就开始变得不再安宁。目前全世界已经发射各种航天器 6 000 多颗，其中 70% 以上是用于军事目的。为了能获得太空战场上的优势地位，美国于 20 世纪 80 年代初提出了震惊世界的"星球大战"计划。尽管这个计划后来因各种原因中途夭折，但美国对太空武器和太空战的研究却一天也没有停止过。

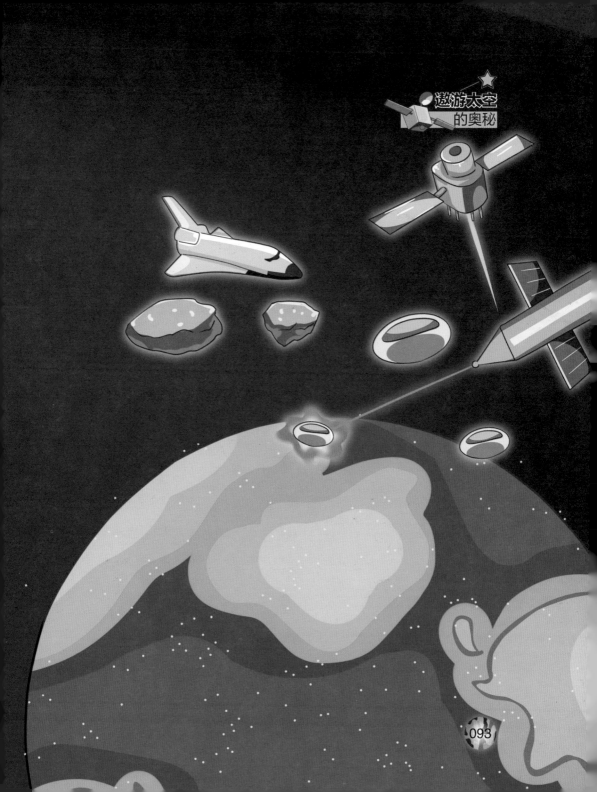

　　1982 年美国正式成立了航天司令部。目前正加紧研制天战武器，主要有轨道轰炸系统、反卫星卫星、反卫星导弹、动能和定向能武器、载人航天器等。这些天战武器有些已经取得突破性进展。20 世纪 80 年代，美国的一架 F-15 战斗机用导弹成功地击落了一颗位于空间轨道上的废弃卫星。1997 年，美国陆军的一个试验中心，用陆基激光武器成功地击落了一颗低轨道卫星。

　　美国在太空大展拳脚，另一个大国俄罗斯岂甘落后。早在 20 世纪 80 年代，当时的苏联曾进行了世界上第一次天战演习，用一颗反卫星卫星，摧毁了一颗模拟美国卫星的靶星。

20世纪90年代初俄罗斯成立了独立的兵种——军事航天兵，直属国防部管辖。在天战武器方面，俄罗斯也是奋起直追。

随着太空中的火药味渐浓，美国、俄罗斯等一些军事强国都在加紧进行天战的准备。有关天战方面的理论也在深入的研究之中。虽然天战尚未打响，但专家们已给它下了个定义：所谓天战，就是敌对国家在地球的外层空间采取的军事对抗行动，它包括外层空间的攻防作战，以及外层空间与地面和空中之间的攻防作战。

天战离我们已经不再遥远！

第九章
地球物理战是怎么回事?

　　提起地球物理战，也许很多人连听都没有听说过。其实它并不神秘，因为早在古代就有了地球物理战，只是当时还不这么叫罢了。

　　地球物理战，也叫环境战，是人为地改变自然环境状态来为军事目的服务的一种作战手段。它是运用现代科学技术人为制造暴雨、地震、泥石流、海啸、磁暴、浓雾，或改变地球某一地区的温差等自然现象，借助自然力来达到某种军事目的一种作战手段。

　　在战争史上，军队因突然遭受飓风、暴雨、严寒、酷热等自然灾害的袭击而溃不成军，甚至被大自然吞没的现象屡见不鲜。拿破仑和希特勒之所以兵败莫斯科，重要原因之一就是遇上了"寒将军"的袭击。因此，人们早就预感到，如

果谁能把自然力的袭击用人为的方法突然强加给对方，将是一种巨大的战斗力。在古代战场上出现的"垒冰阻敌""草船借箭""以冰制敌""火烧赤壁"等等，可以说就是地球物理战的雏形。

随着科学技术的发展，第二次世界大战期间，出现了用冷却手段制造"不沉冰舰"，用机械"造雾"来掩护军队渡河和机动，用光折射形成"人造月亮"为军队夜间行动提供方便等新招数。1945年，苏军在柏林战役中，担任主攻的白俄罗斯第一方面军，在主要方向上集中了143部大功率探照灯，待炮火准备过后，所有探照灯突然开亮，一齐向德军阵地照射，在德军阵地上构成一片非常刺眼的强光带。这种用光源制造的带有强烈方向性的"白昼光"，把德军官兵照得

头晕目眩，还未等他们反应过来，苏联红军已经
冲上了阵地。这可以说是利用光电物理助战的非
常精彩的一幕。

地球物理战所特有的巨大魔力，极大地诱惑
着一些国家的军界。第二次世界大战后，不少国

家成立了地球物理战研究中心。美军的气候试验室已有几十年的历史，它广泛研究各种制敌手段，能制造风、雨、雷、雹、酷热、严寒，并用来轮训军队。在越南战争中，美军为扼住越军的补给咽喉，曾在"胡志明小道"上空持续制造人工暴雨，使本来就十分狭窄的交通走廊，更加泥泞难行，起到了飞机大炮无法达到的阻塞作用。

在科学技术日新月异的今天，更大规模的地球物理战技术试验研究，正在紧锣密鼓地进行着。在未来的战场上，军队在对抗信息化兵器的同时，还要对抗异常恶劣的自然界的敌人。不论在哪个季节里作战，都可能会遇到海潮腾升、河水泛滥、飓风迎面袭来、暴雨倾泻不停、浓雾翻滚迷蒙战场、冰雹劈头盖脸打下来等各种情况。

国防教育AR动漫书系

《遨游太空的奥秘》

《军事科技大观园》

《神兵奇旅掠影》

《电子战场探谜》

《走进战争迷宫》

《武器家庭》